Daniel Huber

Herstellung von Vinylchlorid und Recycling VC-haltiger Stoffe

GRIN Verlag

Bibliografische Information der Deutschen Nationalbibliothek:

Die Deutsche Bibliothek verzeichnet diese Publikation in der Deutschen Nationalbibliografie; detaillierte bibliografische Daten sind im Internet über http://dnb.d-nb.de/ abrufbar.

Impressum:

Druck und Bindung: Books on Demand GmbH, Norderstedt Germany
ISBN: 978-3-656-32080-7

GRIN - Your knowledge has value

Der GRIN Verlag publiziert seit 1998 wissenschaftliche Arbeiten von Studenten, Hochschullehrern und anderen Akademikern als eBook und gedrucktes Buch. Die Verlagswebsite www.grin.com ist die ideale Plattform zur Veröffentlichung von Hausarbeiten, Abschlussarbeiten, wissenschaftlichen Aufsätzen, Dissertationen und Fachbüchern.

Besuchen Sie uns im Internet:

http://www.grin.com/

http://www.facebook.com/grincom

http://www.twitter.com/grin_com

Integrierte Gesamtschule Wilhelmshaven
Friedenstr. 105 - 111
26386 Wilhelmshaven

FACHARBEIT

im Leistungskurs Chemie

Herstellung von VC und Recycling VC-haltiger Stoffe

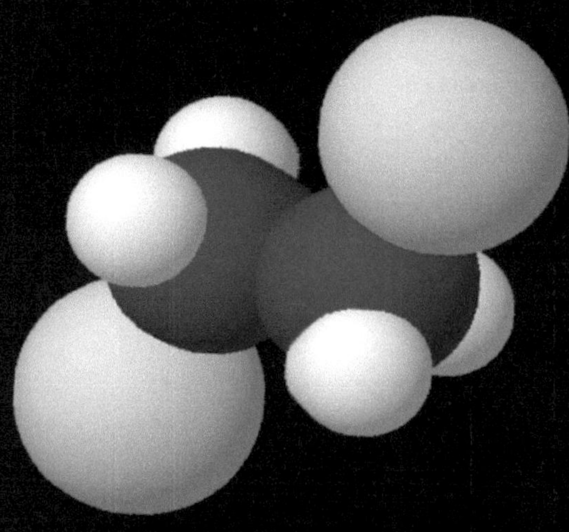

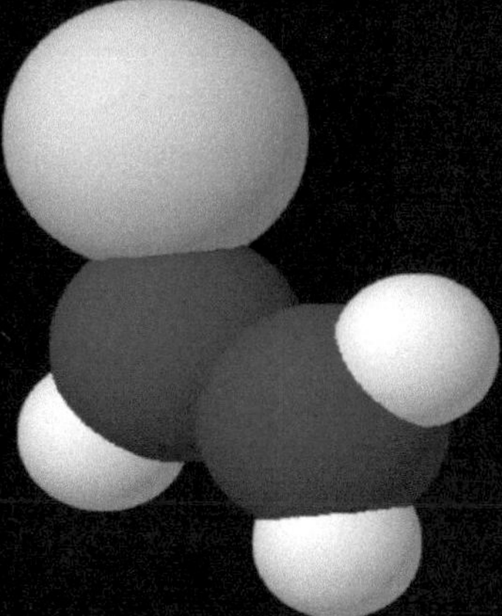

Verfasser: Nikolaus Lotz
Fachlehrer: Gerold Domeyer
Abgabetermin: 17.03.2005

Inhaltsverzeichnis

Vorwort

Im Rahmen dieser Facharbeit habe ich mich intensiv mit der Herstellung des PVC-Monomers Vinylchlorid, sowie dem Entsorgen und Wiederverwerten von PVC beschäftigt. Ich habe diese beiden Themen gewählt, weil sie mein persönliches Interesse weckten. Je weiter ich in die Themen vordrang, umso mehr wurde mir bewusst, welche Dynamik in der gesamten Kunststoff-Industrie herrscht.

PVC hat sich wegen seiner vielfältigen Eigenschaften schnell zu einem Massenprodukt entwickelt und wird heute in einem weltweiten Umfang von 30 Mio. Tonnen jährlich produziert. Damit ist es nach Polyethylen der meistproduzierte Kunststoff der Welt (PVCH, Produktinformationen), was zweifellos an den günstigen Herstellungskosten, den exzellenten Materialeigenschaften und besonders an dem breiten Einsatzspektrum liegt. PVC ist heute ein Alltagsprodukt, dem wir in allen Lebensbereichen begegnen, ob als Fußboden, Fenster- oder Türprofil, Dachabdichtungen, Kunstleder, Nahrungsmittelverpackungen, Kabelummantellungen und vieles mehr. Die Liste ist endlos.

Dabei ist PVC nicht ganz ungefährlich, es besteht aus einer Vielzahl giftiger Stoffe, die uns Menschen und unserer gesamten Umwelt erhebliche Schäden zufügen können. Dies wurde 1996 bei dem Großbrand auf dem Düsseldorfer Flughafen bemerkbar, als die, in dem Flughafengebäude verlegten, mit PVC ummantelten Kabel schwelten oder verbrannten und so chlororganische Gase frei wurden.

Schon allein wegen dieser Tatsachen muss man sich einfach genauer mit den Herstellungsverfahren, sowie zwingend auch mit den Möglichkeiten und dem aktuellen Stand der Entsorgungs- und Wiederverwertungswege beschäftigen.

Was passiert bei einem in solch riesigen Dimensionen betriebenen Herstellungsverfahren im Detail und wie wird es durchgeführt? Wie wird es dann in den industriellen Maßstab umgesetzt? Diesen Fragen bin ich beim Besuch der wilhelmshavener PVC-Anlage von EVC (European Vinyls Corporation), einem der größten europäischen PVC-Hersteller, nachgegangen. Dort hat man mich sehr freundlich empfangen und mir viele Informationen gegeben. Zusätzlich habe ich mich bei verschiedenen anderen PVC-Herstellern informiert und konnte mir auf diese Weise ein breites Wissensspektrum aneignen.

Kunststoffe, besonders PVC, können nur sehr schlecht natürlich abgebaut werden. PVC zerfällt wegen der Stabilisatoren, die ihm zugefügt werden müssen, praktisch nicht. Wird es nicht richtig entsorgt oder wiederverwertet, würde die Welt bei der oben genannten jährlichen Produktionsmenge in geraumer Zeit mit Kunststoff-Abfällen überschwemmt. Daher halte ich es für uns alle sehr wichtig, sie am Ende ihrer Lebensdauer artgerecht zu entsorgen und zu recyclen. Auf diese Weise kann das PVC immer wieder verwendet werden. Das Verfahren PVC auf Deponien zu entsorgen, welches seit langer Zeit praktiziert wird, sollte nach meinem Erachten abgeschafft werden, da dies nur eine Verschwendung von Ressourcen ist und der Umwelt schadet.

Neue, sich in der Entwicklung befindliche Verfahren und Weiterentwicklungen heute angewendeter Verfahren haben mich ebenfalls interessiert, da kontinuierliche Verbesserungen und Weiterentwicklungen wichtig sind, um den Fortschritt voran zu treiben, Rohstoffe und Umwelt zu schonen. Dies gilt für die Vinylchlorid-Herstellung und besonders für das PVC-Recycling.

1. Versuch

In dem Versuch wird ein Alkan mit einem Halogen vermischt und mit Licht unterschiedlicher Wellenlängen beleuchtet.

1.1. Aufbau

Abb.1: Versuchsaufbau auf Overheadprojektor

Auf einen Overheadprojektor werden ein blaues (λ = 440 nm) und ein rotes (λ = 840 nm) Lichtfilterglas gelegt. Die restliche Projektoroberfläche muss lichtdicht mit Pappe abgedeckt und der Raum abgedunkelt werden. Siehe Abbildung 1.

Der Versuch muss unter dem Abzug durchgeführt werden.

1.2. Durchführung

40 ml Heptan werden mit einigen Tropfen Brom vermischt und zu gleichen Teilen auf zwei Bechergläser verteilt, welche mit zwei Uhrglas-Schälchen abgedeckt werden. Die Bechergläser werden nun auf die Lichtfiltergläser gestellt und der Projektor angeschaltet.

Als interessierender Nachweis empfiehlt sich die pH-Wert Messung.

1.3. Beobachtungen

Nach ca. 5 Minuten gibt es bei den beiden bromfarbenen Lösungen erste sichtbare Unterschiede: Die auf dem blauen Lichtfilterglas stehende Lösung verliert langsam ihre Farbe und ist nach gut 20 Minuten vollständig klar, während die auf dem roten Lichtfilterglas stehende Lösung noch die Ausgangsfarbe hat. Die pH-Wert Messung zeigt zu diesem Zeitpunkt in beiden Bechern eine starke Bildung von Säure an.

Als nach 30 Minuten der Projektor ausgeschaltet wird, hat sich bei der auf dem roten Lichtfilterglas stehende Lösung immer noch nichts verändert; sie ist jedoch fast vollständig klar, als sie noch eine weitere halbe Stunde dem normalen Tageslicht ausgesetzt wird.

1.4. Deutung

Die Heptan- und die Brom-Moleküle bewegen sich in der Lösung nebeneinander her. Da beide in diesem Zustand sehr stabil sind, reagieren sie nicht miteinander.

Die rot-bräunliche Farbe beweist die Existenz von Brom (Br_2). Das Verbleichen dieser Farbe ist ein Indiz dafür, dass das Br_2 in dieser Form nicht mehr vorhanden ist.

Die Reaktion verlief fast ausschließlich nur bei blauem Licht, da das rote Licht mit der Wellenlänge λ = 840 nm nach Gleichung 1

Gl. 1

$$E_B = h \cdot v = h \cdot c / \lambda$$

$h = 6{,}6 \cdot 10^{-34}$ Je (Plankscher Konstante)
v = Frequenz des Lichtquants in s^{-1}
$c = 3 \cdot 10^8\ m \cdot s^{-1}$ (Lichtgeschwindigkeit)

(Tausch, 2000, S.223)

nur eine Energie $E_L \approx 142$ kJ/mol, das blaue Licht mit λ = 440 nm jedoch eine Energie $E_L \approx 271$ kJ/mol aufweist. Die auf dem roten Lichtfilterglas stehende Lösung verliert ihre Farbe nach einer halben Stunde an normalem Licht, da dieses das gesamte Lichtspektrum enthält; also auch Energiereiches wie zum Beispiel Blaues.

Da der Indikator in der Luft einen Protonen-Donator nachweist muss Bromwasserstoffgas (HBr) entstanden sein. Das dafür nötige Wasserstoff-Atom wurde vom Heptan (C_7H_{16}) durch Brom substituiert.

1.4.1. Reaktionsmechanismus

Bei dieser Reaktion handelt es sich um eine photochemisch initiierte Radikalketten-Reaktion, die sich aus einer Startreaktion und darauf folgende Propagationsschritte (Folgeschritte) zusammensetzt.

Startreaktion: Das Brom-Molekül wird durch Licht homolytisch in zwei Brom-Atome gespalten, welche Radikale sind. Dieser Vorgang nennt sich Photolyse. Um eine Bindung so zu spalten, muss dem Molekül seine Bindungsenergie zugeführt werden, die beim Brom E_B = 193 kJ/mol beträgt. Das Licht muss daher eine geringere Wellenlänge als 619 nm haben. Diese Energie ist die Aktivierungsenergie dieser Kettenreaktion. (Tausch, 2000, S.223)

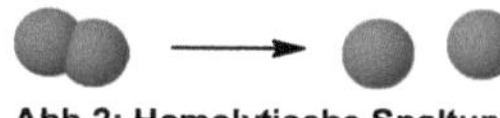

Abb.2: Homolytische Spaltung

1. Propagationsschritt: Die so entstehenden Brom-Radikale sind hoch reaktiv. Nähern sie sich einem Heptan-Molekül, entreißen sie ihm sehr schnell ein Wasserstoffatom und verbinden sich mit ihm zu HBr, welches als Gas entweicht. Es ist am wahrscheinlichsten, dass das Brom dem Heptan das Wasserstoff-Atom am 4. Kohlenstoff-Atom entreißt, da sich hier die von den äußeren, primären Kohlenstoff-Atomen wirkenden –I-Effekte treffen. (Tausch, 2000, S.223)

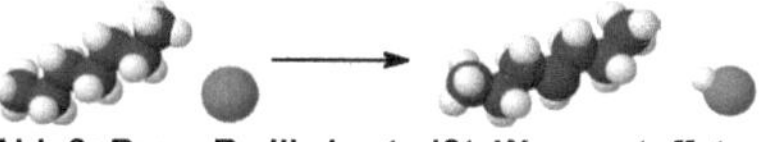

Abb.3: Brom-Radikal entreißt Wasserstoffatom

2. Propagationsschritt: In diesem Schritt trifft das Heptyl-Radikal auf ein weiteres Brom-Molekül und entreißt ihm ein Brom-Atom. Dabei entsteht wegen des –I-Effektes (s.o.) oft ein 4-Bromheptan.

Abb.4: Heptyl-Radikal entreißt Bromatom

Das hier frei werdende Brom-Radikal reißt wieder ein Wasserstoff-Atom an sich, wobei diese Kettenreaktion bis zur Erschöpfung weiter gehen kann. Dabei sind auch Mehrfach-Halogenierungen möglich, was jedoch schwierig zu steuern und kontrollieren ist. Eine Mehrfach-Halogenierung ist jedoch wahrscheinlicher, wenn man die Konzentration des Halogens in der Lösung erhöht. (Brückner, 2003, S. 21 ff / Tausch, 2000, S.223)

Diese Reaktion ist nach Gleichung 2

Gl. 2

$$\Delta H_R = \Sigma E_B \text{ (Produkte)} - \Sigma E_B \text{ (Edukte)}$$

Σ = Summe
ΔH_R = Reaktionsenthalpie
(Tausch, 2000, S.87)

insgesamt sehr schwach exotherm, da ΔH_R = -18 kJ/mol ist. Das bedeutet, dass diese Reaktion nach dem Starten mit der Aktivierungsenergie nicht von alleine Weiterlaufen würde, da, wie oben erklärt, 193 kJ/mol notwendig sind.

Die resultierende Reaktionsgleichung lautet:

$$n(C_7H_{16})(l) + n(Br_2)(l) \rightarrow n(C_7H_{15}Br)(l) + n(HBr)(g)$$

2. Herstellung von Dichlorethan

Vinylchlorid, der Monomer von Polyvinylchlorid (PVC), wurde ab 1912 nach Fritz Klatte mit der Additionsreaktion von Chlorwasserstoff an Ethin, welches damals sehr günstig herzustellen war, synthetisiert. Ethin als Grundstoff lässt sich heute jedoch nur noch in Ländern mit niedrigen Kohlepreisen, wie zum Beispiel Südafrika, ökonomisch realisieren.

Ab 1940 wurde Ethin teilweise durch die Direktchlorierung und ab 1955 auch durch die Oxychlorierung von Ethen zu Dichlorethan ersetzt. Durch die Oxychlorierung konnte sogar das anfallende HCl weiterverarbeitet werden, sodass die Hydrochlorierung von Ethin ganz überflüssig wurde. Heute wird etwa 90% des Vinylchlorids über das Intermediat (Zwischenprodukt) 1,2-Dichlorethan hergestellt. (Wiley, 2005, 3.1)

2.1. Herstellungsverfahren von Dichlorethan

Die beiden hier dargestellten Herstellungsverfahren werden heute im großen Maßstab in Anlagen mit Kapazitäten bis zu 300000 Tonnen pro Jahr (Lurgi, durchgeführt. Dabei werden Oxychlorierung und Direktchlorierung in älteren Anlagen oft noch getrennt von einander durchgeführt, in neueren oft jedoch parallel. Dies ermöglicht die effiziente Nutzung aller eingesetzten Grundstoffe.

2.1.1. Direktchlorierung (DC)

Abb.5: Ethen und Chlor zu EDC

Bei dem Verfahren der Direktchlorierung werden Ethen (C_2H_4) und Chlor (Cl_2) bei etwa 80-120° Celsius und in Gegenwart einer Eisenverbindung (Eisen(III)chlorid) als Katalysator zur Reaktion gebracht. Dieser beschleunigt die Bildung des Tradukts und vermindert ungewollte Nebenreaktionen. Das Chlor-Molekül geht in einer elektrophilen Addition komplett in das Ethen über, wobei 1,2-Dichlorethan das einzige Produkt ist. (Meyers, 2004, S18.7ff)

2.1.1.1. Reaktionsmechanismus

Eine solche elektrophile Addition kann in zwei Hauptschritte eingeteilt werden: Der ersten wird zuerst das Tradukt und später das Interdukt gebildet. Im zweiten verbindet sich dann das Interdukt zu dem Produkt.

1. Schritt: Nähert sich ein Cl_2 der Doppelbindung eines Ethens, wird es wegen deren hohen Elektronendichte polarisiert. Es wird ein Tradukt (Abb.6) gebildet, wenn sich zwischen einem Elektronenpaar der Doppelbindung und dem elektrophilen Chlor-Atom eine Wechselwirkung aufbaut. Dies ist der geschwindigkeits-bestimmende Schritt der Reaktion, da das Aufbauen der Wechselwirkungen eher selten zustande kommt.

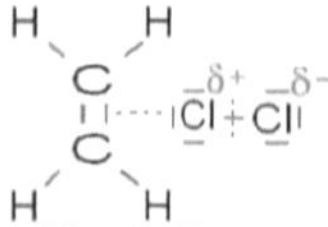

Abb.6: Tradukt

Da das Chlor-Atom wegen der geringeren Elektronegativität des Kohlenstoff-Atoms (C) und der daraus resultierenden besseren Erfüllung der Oktett-Regel, die Bindung mit dem C bevorzugt, bildet es unter Auflösung der Doppelbindung das Interdukt (Abb.7), ein cyclisches Chloronium-Ion ($C_2H_4Cl^+$) und ein Chlorid-Ion (Cl^-). (Tausch, 2000, 229ff)

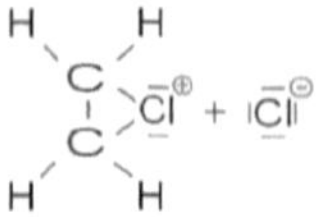

Abb.7: Interdukt

2. Schritt: Die kreisförmige Konstellation besteht, weil die beiden Kohlenstoff-Atome die Bindung zu dem Chlor aufrechterhalten, damit sie die Oktettregel erfüllen. Sie können dies nur, obwohl das Chlor dann positiv geladen ist, da zwischen Kohlenstoff und Chlor nur eine relativ geringe Elektronegativtätsdifferenz $\Delta EN = 0,5$ herrscht und sie deswegen fast gleichstark an den Elektronen ziehen. Nähert sich das Chlor-Anion einem C (Abb.8), benötigt dieses die Elektronen des Chlors nicht mehr und lässt sie allmählich los, was zeitgleich mit der Bindung an die des Chlorid-Anions geschieht. Diese Bildung des Produkts verläuft relativ schnell, da das Chloronium-Kation und das Chlorid-Anion sich gegenseitig anziehen. (Tausch, 2000, 229ff)

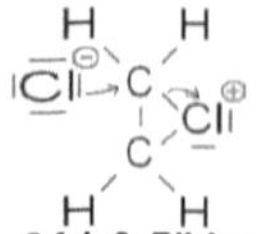

Abb.8: Bildung des Produktes

Die Reaktion verläuft insgesamt stark exotherm, da nach Gleichung 2 die Reaktionsenthalpie ΔH_R = -218 kJ/mol ist. (Meyers, 2004, 18.6)
Die resultierende Reaktionsgleichung lautet:

$$n(\mathbf{C_2H_4})(g) + n(\mathbf{Cl_2})(g) \rightarrow n(\mathbf{C_2H_4Cl_2})(l)$$

2.1.2. Oxychlorierung (OC)

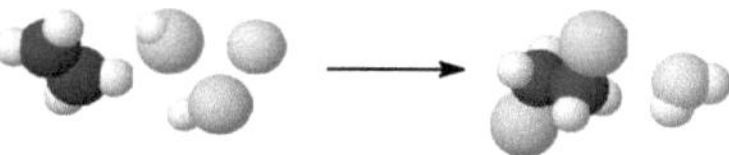
Abb.9: Ethen, HCl und O_2 zu EDC und H_2O

In diesem komplexeren Verfahren reagieren Ethen, Chlorwasserstoff (HCl) und Sauerstoff (O_2) in Gegenwart einer Kupferverbindung (Kupfer(II)chlorid) als Katalysator bei 250° Celsius zu 1,2-Dichlorethan und Wasser. Der Vorteil dieses Verfahrens gegenüber der Direktchlorierung besteht darin, dass der benötigte Chlorwasserstoff wesentlich günstiger gegenüber dem relativ teuren Chlor ist. (Meyers, 2004, 18.13ff)
Die Oxychlorierung wird im Wirbelbett-Reaktor durchgeführt, der die einst schwer und nur mit großem Aufwand durchzuführenden Gas/Feststoffreaktionen ökonomisch realisierbar macht. Gasförmige und feste Stoffe werden zu einem heterogenen Gemisch, wobei die Kontaktflächen sehr groß sind. (Schwing, Prozess-Wirbelbett-Technik)

2.1.2.1. Reaktionsmechanismus

Der Reaktionsmechanismus kann in drei Schritte eingeteilt werden, deren genauer Ablauf vermutlich nicht genau geklärt ist. Hier eine Überlegung wie diese Schritte im Einzelnen ablaufen könnten:

1. Schritt:

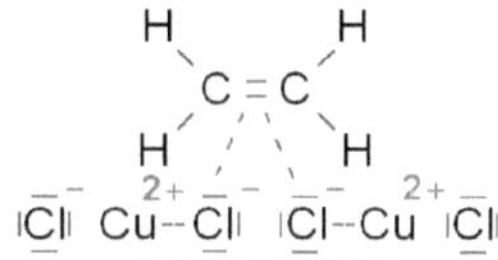

In dem heterogenen Gemisch trifft ein Ethenmolekül auf ein Feststoffteilchen des als Ionengitter bestehenden Katalysators Kupfer(II)chlorid ($CuCl_2$). Liegt Chlorid-Ionen in der Nähe der Doppelbindung des Ethens, werden, wegen der hohen Elektronendichte der Doppelbindung, die Anziehungskräfte an jeweils eins ihrer Elektronen schwächer, die dann von dem positiven Kupfer-Kation angezogen werden. Man könnte dies als einen –I-Effekt sehen, der die Elektronen von der Doppelbindung weg drückt. Es entsteht eine Art Tradukt, mit Wechselwirkungen zwischen der Doppelbindung, dem Chlorid-Ionen und den Kupfer-Kationen (siehe Abbildung 10).

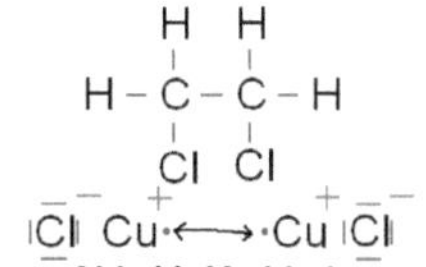

Abb.10: Tradukt

Abb.11: Verbinden

Wenn sich das Tradukt nicht wieder auflöst, verbinden sich die Chlorid-Ionen vollständig mit dem Ethen, wobei zwei Kupferchlorid-Radikale (Cu^+Cl^-) entstehen, die sich zu Kupfer(I)chlorid (Cu_2Cl_2) verbinden (siehe Abbildung 11). Das Kupfer(II)chlorid wird in diesem Schritt zu Kupfer(I)chlorid reduziert.

2. Schritt:

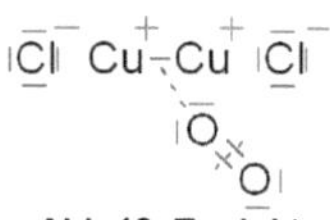
Abb.12: Tradukt

Sauerstoff hat wegen der sehr hohen Elektronegativität von 3,5 ein besonderes Bestreben die Oktettregel möglichst vollständig zu erfüllen. Trifft ein deswegen recht reaktionsfreudiges, (was durch die hohe Temperatur noch gefördert wird) Sauerstoffmolekül (O_2) auf ein Kupfer(I)chlorid (Cu_2Cl_2), bildet es ein Tradukt (siehe Abbildung 12), mit den, wegen der geringen Elektronegativität des Kupfers, recht locker, zwischen den beiden Cu sitzenden Elektronen, während es die Doppelbindung homolytisch auflöst.

Eins der beiden Kupfer-Kationen verbindet sich mit dem Sauerstoff zu Kupfer(II)oxid (CuO) (siehe Abbildung 13), da zum einen die beiden Kupfer-Kationen sich gegenseitig abstoßen und zum anderen das Kupfer-Kation von dem Sauerstoff-Anion angezogen wird. Es entsteht auch Kupfer(II)chlorid, womit der Katalysator wieder hergestellt ist. Kupfer(II)chlorid, Kupfer(I)chlorid und Kupfer(II)oxid bilden auf der Oberfläche des Kupfer(II)chloridteilchens eine dünne Schicht aus gemischtem Ionengitter. Das freigesetzte Sauerstoff-Radikal reagiert mit einem Cu eines anderen Kupfer(I)chlorid des Ionengitters. Das Chlor-Anion ist für das Sauerstoff recht uninteressant, da eine sehr instabile Chloroxid-Elektronenpaarbindung entstehen würde.

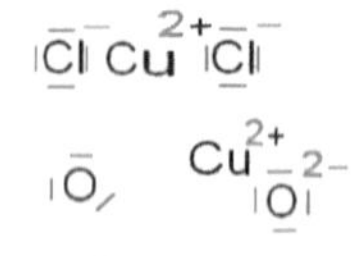

Abb.13: Verbinden

3. Schritt:

Das Wasserstoffatom ist in der Chlorwasserstoffverbindung positiv geladen, hat also die positive Partialladung (δ^+), während das Chlor daraus resultierend die negative Partialladung (δ^-) besitzt. Bei dem Kupferoxid Ionengitter ist (entsprechend den Ladungswerten) das Sauerstoff-Anion negativ und das Kupfer-Kation positiv geladen. Nähern sich nun zwei Chlorwasserstoffmoleküle dem Ionengitter aus Kupfer(I)chlorid und Kupferoxid, werden ihre Wasserstoffatome (δ^+) von den Sauerstoff-Anionen (O^{2+}) angezogen. Auch hier könnte man eine Art Tradukt (siehe Abbildung 14) feststellen, das jedoch wahrscheinlich nicht sehr lange bestehen wird, da die Wasserstoffatome die Bindung zum Sauerstoff-Anion und dessen Elektronen aufbauen (da die Bindung mit dem Sauerstoff einer sehr stabile Bindung ist) und gleichzeitig die Bindung zu den Elektronen des Chlors abschwächen und schließlich ganz abbrechen. Man könnte sagen, Chlor wird durch das Sauerstoff-Anion verdrängt. Die entstehenden Chlor-Anionen und das Kupfer-Kation ziehen sich gegenseitig an (siehe Abbildung 15), sodass der ursprüngliche Katalysator Kupfer(II)chlorid wiederhergestellt ist. Das entstehende Wassermolekül verdampft sofort, da in dem Reaktor ja 250° Celsius herrschen. Es kommt daher kaum vor, dass das Ionengitter aufgelöst wird.

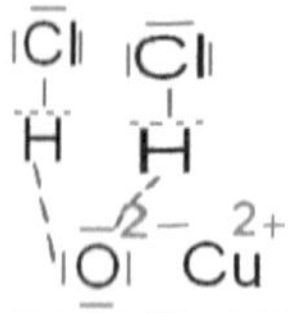

Abb.14: Tradukt

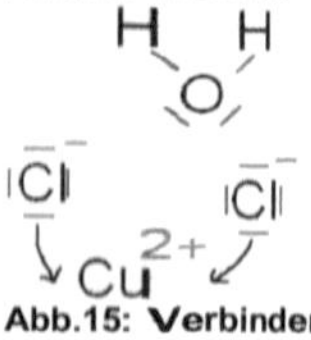

Abb.15: Verbinden

Die Reaktion verläuft insgesamt stark exotherm, da nach Gleichung 2 die Reaktionsenthalpie ΔH_R = -270 kJ/mol ist. (Meyers, 2004, 18.6)

Die resultierende Reaktionsgleichung lautet:

$$n(\mathbf{C_2H_4})(g) + 2n(\mathbf{HCl})(g) + \tfrac{1}{2}n(\mathbf{O_2})(g) \longrightarrow n(\mathbf{C_2H_4Cl_2})(l) + n(\mathbf{H_2O})(l)$$

2.2. Großindustrielle Umsetzung

Abb.16: DC-Reaktor mit Wärmerückgewinnung

Moderne Dichlorethananlagen verwenden DC und OC parallel, da so das beim Cracken anfallende HCl restlos verarbeitet wird. Die angewandten Verfahren sind von Hersteller zu Hersteller im Detail sehr unterschiedlich, sodass es mir vernünftig erscheint, sie hier vereinfacht darzustellen.

Direktchlorierung: Die Reaktion wird mit einem Überschuss an Ethen durchgeführt, um das Chlor möglichst restlos zur Reaktion zu bringen. Da die Reaktion mit ΔH_R = −218kJ/mol sehr exotherm verläuft, muss der Reaktor nicht geheizt werden. Das heiße, oben aus dem Reaktor (siehe Abbildung 17: 1) austretende Gemisch von EDC, Ethen und Nebenprodukten (die verschwindend gering sind) wird zum Aufheizen (2) der EDC-Kolonne verwendet und danach destilliert (3), sodass Ethen und die Nebenprodukte als Abgase zum Wäscher (4) der OC-Anlage geleitet werden können, um von dort aus in den Umlaufstrom (5) der OC-Anlage zu gelangen und im OC-Reaktor (6) weiter umgesetzt zu werden. Das EDC wird teilweise in die EDC-Reinigung und teilweise als Umlaufgas (7) zurück in den DC-Reaktor geleitet. (Lurgi Ag, EDC Details)

Oxychlorierung: Ethen, Chlorwasserstoff und Sauerstoff werden getrennt in das Umlaufgas (5) gegeben, in ihm vorgewärmt und von unten in den Reaktor geleitet (8). Da die Reaktion mit ΔH_R = −270kJ/mol sehr exotherm ist, wird die überschüssige Wärme zum Erzeugen von Wasserdampf verwendet (9), um die Energie effizient in der EDC-Reinigung oder anderorts zu nutzen. Der Katalysator, welcher in Form von kleinen Kügelchen hinzugegeben wird, verbleibt im Reaktor oder wird später hinausgefiltert. Das Produktgas wird in die Quench-Stufe (10) geleitet und dort gekühlt. Während das, im Kondensat befindliche, Wasser abgeleitet (11) wird, wird das nicht kondensierte Gas in den Wäscher (4) geleitet, wo es durch eine Alkalilösung vom Nebenprodukt CO_2 befreit wird. Das oben aus dem Wäscher kommende Produkt wird abgekühlt (12). Das nicht kondensierte Gas wird verdichtet (13), um als Umlaufgas erneut in den Reaktor geleitet zu werden, während das Kondensat in die EDC-Reinigung geleitet wird. (Lurgi Ag, EDC Details)

Dichlorethan-Reinigung: Das Dichlorethan wird in drei oder vier Kolonnen gereinigt.

In der Trockenkolonne (14) wird von dem, aus der OC kommenden, EDC der Dampf der oberen Fraktionen kondensiert (15) und dekantiert, sodass dem EDC die letzten Anteile Wasser entzogen werden. Dieser Schritt wird manchmal auch erst in der Leichtsiederkolonne (16) durchgeführt. Das trockene EDC aus der OC, das aus der DC und (falls vorhanden) das zurückgeführte aus der EDC-Spaltung treffen in der Leichtsiederkolonne aufeinander. Sie werden von den sich in den oberen Fraktionen (17) befindlichen Leichtsiedern (Siedetemperatur $T<T_{EDC}$, T_{EDC}=84°C, bei atmosphärischem Druck [Meyer, 2004, S. 18.6]) befreit. Das EDC wird in die unter Vakuum stehende EDC-Kolonne (18) geleitet wo es durch das heiße Gas (2) des DC-Reaktors erhitzt wird. Die unteren Fraktionen werden in die Kolonne zur EDC-Rückgewinnung (19) geleitet, wo die Schwerfraktionen

(T>84°C) entfernt werden. Das zurückgewonnene EDC wird wieder in die EDC-Kolonne (20) geleitet, wo das nun gereinigte EDC als Kopfstrom (21) abgeleitet wird und weiterverarbeitet oder wegtransportiert werden kann. (Lurgi Ag, EDC Details)

Die Leicht- und Schwersieder werden in der Müllverbrennung vernichtet, wobei neben CO_2 und Wasser auch HCl frei wird. (Lurgi Ag, EDC Details)

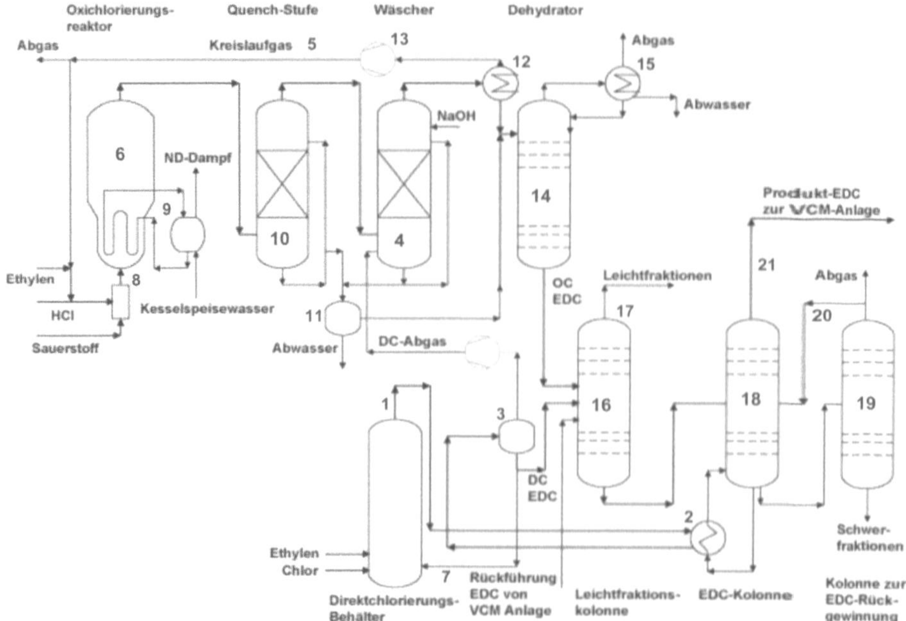

Abb.17: Vereinfachtes Prozessdiagramm der parallelen Oxychlorierung und Direktchlorierung mit EDC-Reinigung

2.3. Vergleich mit dem Versuch

In Punkt 2.1. habe ich 2 Verfahren zur Synthetisierung von Dichlorethan vorgestellt, die heute im riesigen, industriellen Maßstab durchgeführt werden. Direktchlorierung und Oxychlorierung sind heute weit verbreitet, da sie mit niedrigen Produktionskosten, einfacher Handhabung, und größter Effizienz das erwünschte und hochwertige Produkt herstellen.

Mit dem im Versuch (1.4.) dargestellten Verfahren könnte man ebenfalls EDC herstellen, indem man Ethan chloriert. Dieses Verfahren der radikalischen Ketten-Substitution wird jedoch zur industriellen Herstellung von EDC überhaupt nicht angewendet.

Dies wird unter anderem daran liegen, dass die Aktivierungsenergie, die für radikalische Chlorierung (RC) benötigt werden und im Industriellen Maßstab wohl eher thermisch, als photochemisch erzeugt würde, relativ hoch ist. Dazu kommt noch, dass die RC (ΔH_R = -104 kJ/mol) nicht einmal halb so stark exotherm ist, wie DC (ΔH_R = -218 kJ/mol) oder gar OC (ΔH_R = -270 kJ/mol). Das Verfahren ist energetisch also sehr uneffizient. Während DC und OC sich weitestgehend selbst mit Energie versorgen und sogar noch Energie in Form von Wasserdampf gewonnen werden kann, muss der RC Energie zugeführt werden.

Ein weiteres, eigentlich noch größeres, Problem ist die schlechte Kontrolle, die man über Radikal-Kettenreaktionen hat. Um EDC herzustellen müsste das Ethan zweimal chloriert werden. Ob Einfach- oder Mehrfachchlorierungen vorkommen, lässt sich, wie schon kurz in 1.4.1. angedeutet, mittels der Konzentration des Chlors kontrollieren. Würde man die Reaktion also mit einem Überschuss an Chlor durchführen, würden mit Sicherheit Mehrfachchlorierungen vorkommen. Jedoch würde ein Gemisch aus Mono-, Di-, Tri- und Tetrachlorethan entstehen, sodass nur eher wenig Dichlorethan hergestellt würde.

Dazu kommt noch, dass die Radikale wahrscheinlich auch andere Atome als eigentlich vorgesehen angreifen und so eine Vielzahl von Nebenprodukten entstehen, die den Gewinn an EDC weiter verringern. Dies ist bei der radikalischen Polymerisation von Ethen zu Polyethylen, welche nach einem ähnlichen Kettenprinzip verläuft, anders. Hier ist es egal, welches H von dem Radikal angegriffen wird, da sich in jeden Fall eine lange Polymerkette bildet. Dagegen ist die Menge an anfallenden Nebenprodukten bei DC und OC, auch durch weit entwickelte Katalysatoren, sehr gering.

Der einzige Vorteil der RC ist, dass der Grundstoff Ethan ist (siehe Punkt 4.2.). Das Ethan muss also nicht erst zu Ethen gecracked werden, wobei Kosten eingespart und Cracker-Kapazitäten geschont werden können. Allerdings ergibt sich bei der RC auch ein rohstoffliches Problem, da jetzt nicht nur beim Cracken HCl-Gas anfällt, sondern auch bei der RC selbst. Um OC und RC parallel so zu nutzen, dass alles HCl verarbeitet würde, müssten auf eine RC-Anlage vier OC-Anlagen betrieben werden.

3. Weiterverarbeitung des Dichlorethans zu Vinylchlorid

Der Grundstoff für Polyvinylchlorid (PVC) ist das Vinylchloridmonomer (VCM), welches ein ungesättigter Chlorkohlenwasserstoff (Monochlorethen) ist. 1,2-Dichlorethan (EDC) an sich eignet sich nur schlecht zur Polymerisation und muss bei der Herstellung von VCM thermisch gespalten (gecracked) werden. Dabei wird HCl abgespalten, welches verkauft oder bei der OC von Ethen eingesetzt werden kann.

3.1. Reaktionsmechanismus der thermischen Spaltung

Das thermische Spalten wird bei etwa 490° Celsius durchgeführt.

Der Reaktionsmechanismus ist, ähnlich wie beim Versuch der Bromierung von Heptan (siehe Punkt 1.4.) eine Radikal-Kettenreaktion. Hierbei jedoch thermisch und nicht photochemisch initiiert. Auch sie wird in eine Startreaktion und darauf folgende Propagationsschritte eingeteilt:

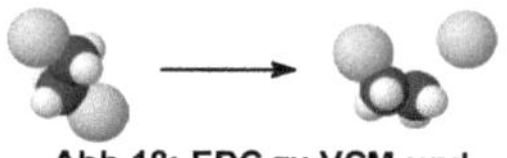

Abb.18: EDC zu VCM und Chlor-Radikal

Startreaktion: Die hohe Wärme von 490° Grad Celsius ist notwendig um eine Thermolyse durchzuführen. Das heißt, ein Chlor-Atom (Cl) homolytisch von dem EDC abzuspalten. Dabei muss die Bindungsenergie E_B = 339 kJ/mol aufgebracht werden; die von einer C–H Bindung beträgt E_B = 440 kJ/mol, weshalb das Cl und nicht das H abgespalten wird. (Bei diesen Beschreibungen muss beachtet werden, dass die angegebenen Bindungsenergien und –Enthalpien Mittelwerte sind und sich auf normale Temperaturen beziehen. Die Berechnungen haben also nur Modellcharakter). (Wiley, 2005, 3.1.3.2.)

$$ClCH_2\text{-}CH_2Cl \longrightarrow ClCH_2\text{-}C{\cdot}H_2 + Cl{\cdot}$$

1. Propagationsschritt: Trifft das so entstandene Chlor-Radikal auf ein weiteres EDC, entreißt es ihm ein Wasserstoff-Atom (H) und verbindet sich mit ihm zu HCl. Das Chlor-Radikal entreißt dem EDC ein H und nicht ein Cl, obwohl die Bindungsenergie zwischen C und H größer ist, da die freiwerdende Energie der Cl–H Bindung (E_B=432 kJ/mol) wesentlich größer ist als die der Cl–Cl Bindung (E_B=243 kJ/mol) und sie die aufgebrachte Bindungsenergie der C–H Bindung (E=413kJ/mol) sogar übersteigt. Diese Reaktion ist nach Gleichung 2 leicht exotherm, da ΔH_R = < 0 = -19 kJ/mol ist.

Abb.19: Chlor entreißt Wasserstoff

$$ClCH_2\text{-}CH_2Cl \quad + \quad Cl\cdot \longrightarrow ClCH_2\text{-}C\cdot HCl \quad + \quad HCl$$

2. Propagationsschritt: Das nun sehr reaktive Dichlorethyl-Radikal reagiert mit sich selbst, indem es ein Chlor-Radikal abspaltet (wegen der geringsten im Molekül aufzubringenden Bindungsenergie E_B = 339kJ/mol) und zwischen den beiden C-Atomen eine Doppelbindung aufbaut. Die Produkte sind Monochlorethen (Vinylchlorid) und HCl.

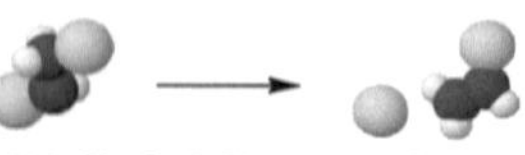

Abb.20: C_2H_3Cl spaltet Chlor ab

$$ClCH_2\text{-}C\cdot HCl \longrightarrow CH_2\text{=}CHCl \quad + \quad Cl\cdot$$

Da immer weitere Chlor-Radikale abgespalten werden, wird die Ketten-Reaktion weiter aufrechterhalten. Deshalb muss die Konzentration (c) von EDC in dem Reaktionsgemisch auf einem hohen Level gehalten werden, damit die Chlor-Radikale kein VCM angreifen. Die Produkte VCM und HCl müssen also möglichst schnell abgeführt werden.

Es können auch noch andere Nebenreaktionen vorkommen, z.B. wenn das VCM sich noch einmal spaltet, sodass Ethin und HCl entstehen. Aus dem Ethin können dann noch andere Verbindungen entstehen, welche den Gewinn an VCM verringern und kompliziert entfernt werden müssen.

Die gesamte Spaltung ist nach Gleichung 2 endotherm, da ΔH_R = > 0 = 73 kJ/mol ist (Meiers, 2004, S. 18.6). Deshalb benötigt man bei der Durchführung dieser Reaktion nicht nur für die homolytische Spaltung viel Energie (Aktivierungsenergie), sondern muss auch genügend Energie zur Bildung der Bindungen zur Verfügung stellen. Diese kann bei Mengen im Industriemaßstab beachtlich sein.

Die komplette Reaktionsgleichung lautet:

$$n(\mathbf{C_2H_4Cl_2})(l) \rightarrow n(\mathbf{C_2H_3Cl})(g) + n(\mathbf{HCl})(g)$$

3.2. Großindustrielle Umsetzung

Die bei der EDC-Spaltung angewandten Verfahren sind fast so unterschiedlich wie die der EDC-Herstellung. Daher ist es auch hier am sinnvollsten, den Vorgang nur vereinfacht darzustellen.

Bevor das EDC in den, wegen der endothermen Reaktion, mit Brenngas (siehe Abbildung 21: 1) beheizten Cracker (2) geleitet wird, wird es erst durch das heiße aus der EDC-Quenchstufe kommende Produktgas (3) und in der Konvektionszone des Crackers vorgewärmt und schließlich durch das, den Cracker verlassende, Gas (4) verdampft. Das Crackprodukt, in dem etwa 55% des EDC zu VCM umgesetzt wurde, wird durch den Wärmeumsetzer (4) gekühlt, in die Quench-Stufe (5) geleitet und dort weiter abgekühlt. Das abgekühlte Produkt wird zur Reinigung in die HCl-Kolonne (6) geleitet. Wobei die kondensierten Sumpfströme auf dem direkten Weg geleitet werden, während die heißen Kopfgase zur effizienten Wärmerückgewinnung durch verschiedene Wärmeaustauscher (1,7) geleitet in die HCl-Kolonne (6) kommen. Hier wird das HCl im Sumpf entfernt und als Kopfstrom (Siedetemperatur $T<T_{VCM}$, T_{VCM}=–13,9°C, bei atmosphärischem Druck) abgeleitet (8) und kondensiert, wobei das nicht kondensierte HCl-Gas erst wieder erwärmt (7) und in die OC-Anlage geleitet wird. Der

Sumpfstrom (9) der HCl-Kolonne wird in die VCM-Kolonne (10) weitergeleitet, um den EDC-Sumpfstrom in die Leichtsiederkolonne der EDC-Reinigung zu leiten. Dies stellt den Kreislauf der EDC-Spaltung dar. Vorher werden jedoch noch Benzol und Chloropren mit Cl_2 unschädlich gemacht. Im VC-Trockner (11) werden dann die letzten Teile HCl im VCM durch Zugabe von Natronlauge entfernt. (Lurgi Ag, VCM Details)

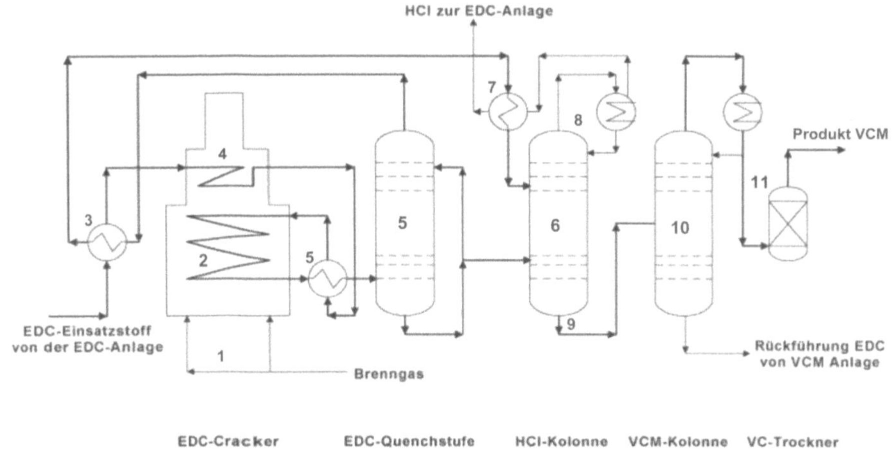

Abb.21: Vereinfachtes Prozessdiagramm der EDC-Spaltung mit nachgeschalteter VCM-Reinigung

4. Neue Methoden der Herstellung von Vinylchlorid

Wie in Punkt 2 schon angedeutet, stand ab 1912 mit der Hydrochlorierung von Ethin ein direkter Syntheseweg zur Verfügung, von dem man aber ab 1940 zu Gunsten des günstigeren Ethens und dem Intermediat Dichlorethan abkam. Dieser Prozess ist jedoch weitaus umständlicher, als einer ohne Intermediat.

Aus dem Grund forscht die Industrie an direkten Synthetisierungsmethoden auf der Basis von Ethen und Ethan.

4.1. Direkte Synthetisierung aus Ethen

Diese Überlegung beinhaltet den heute üblichen Reaktionsweg über das Intermediat EDC, jedoch bei wesentlich höheren Temperaturen, sodass das EDC im gleichen Reaktor zu VCM gespalten wird. Da DC und OC sehr exotherm verlaufen, kann das EDC direkt durch die frei werdende Wärme gespalten werden. Nicht nur die Wärmenutzung würde optimiert, sondern auch die vom Produkt durchlaufenen Produktionsstufen reduziert, was die Produktion erheblich vereinfachen und somit die laufenden Kosten senken würde. (Wiley, 2005, 3.1.3.3.)

Um auch zu spalten, müssen die Reaktionen bei hohen Temperaturen von 300-600° Celsius durchgeführt werden, wobei jedoch die Gefahr besteht, dass das Ethen oxidiert. Dies wird vermindert, indem einfach weniger Sauerstoff als erforderlich hinzugegeben wird. (Wiley, 2005, 3.1.3.3.)

Die meisten Unternehmen gehen von einem zweigeteilten Reaktor aus, wobei OC und Spaltung in einer Kammer und DC in einer Zweiten ablaufen. Dies hat den Vorteil, dass die DC bei niedrigeren

Temperaturen durchgeführt werden kann und OC und besonders die Spaltung bei höheren Temperaturen verlaufen.

Diese Verfahren finden jedoch so gut wie keine Anwendung, da sie sehr schwer durchzuführen und zu kontrollieren sind. Das Ethen und die anderen Stoffe sind bei Temperaturen in diesem Bereich sehr viel reaktiver, weshalb ungewollte Reaktionen gehäuft vorkommen. Daher entstehen vermehrt Nebenprodukte, die den Gewinn an Vinylchlorid verringern. (Wiley, 2005, 3.1.3.3.)

4.2. Direkte Synthetisierung aus Ethan

Die direkte Synthetisierung von VCM aus Ethan ist ein neu entwickelte Verfahren und verläuft ganz ohne Intermediat. Die Grundidee dieses Verfahrens ist es, erstens, dass Ethan, welches genügend vorhanden ist, nicht erst zu Ethen gecracked werden muss und zweitens, dass die Produktion von Vinylchlorid an sich direkt durchgeführt werden kann. Beides vermindert Verfahrenskosten und den Aufwand bei der Produktion. Neben den ökonomischen Vorteilen ergibt sich auch ein umweltpolitischer Vorzug, da in weniger Produktionsschritten im Allgemeinen auch weniger Nebenprodukte anfallen. (Wiley, 2005, 3.1.3.4.)

Die Reaktion kann in verschiedenen Verfahren durchgeführt werden:

1. Chlorierung bei hoher Temperatur:

   $n(C_2H_6) + 2n(Cl_2) \rightarrow n(C_2H_3Cl) + 3n(HCl)$

2. Oxychlorierung bei hoher Temperatur:

   $n(C_2H_6) + n(HCl) + n(O_2) \rightarrow n(C_2H_3Cl) + 3n(H_2O)$

3. Oxiative Chlorierung bei hoher Temperatur (Kombination aus 1 und 2):

   $2n(C_2H_6) + 1\frac{1}{2}n(O_2) + n(Cl_2) \rightarrow 2n(C_2H_3Cl) + 3n(H_2O)$ (Wiley, 2005, 3.1.3.4.)

Das Problem dieser Verfahren besteht darin, dass Ethan, da es ja gesättigt ist, im Vergleich zu Ethen recht reaktionsträge ist. Es muss daher erst einer Substitutions-Reaktion unterzogen werden, wobei ungewollte und Gewinn verringernde Nebenkettenreaktionen ansteigen können. (Wiley, 2005, 3.1.3.4.)

Einige Pilotanlagen wurden schon gebaut, konnten die geforderten Leistungen aber nicht erfüllen, da sie nur kleine Vinylchlorid Gewinne und einen großen Nebenproduktanteil produzierten. Auch wenn sie von der PVC-Industrie nicht angenommen wurden, wird nach weiteren Verbesserungen geforscht.

5. Entsorgung und Wiederverwertung von PVC-Abfällen

PVC steht oft in der Kritik von Umwelt- und Verbraucherschützern, da sie ihm die Verursachung von immensen Umwelt- und Gesundheitsproblemen, sowie eine schlechte Wiederverwertbarkeit nachsagen. Da es aus Vinylchlorid polymerisiert wird, kann es, je nach Zusammensetzung, bis zu 57% Chlor enthalten.

PCV wurde erst ab den sechziger und siebziger Jahren zum Massenprodukt, womit auch die Produktion im industriellen Maßstab begann. Da viele PVC-Produkte (Fensterprofile, Kabelummantellungen, Rohre) eine Lebensdauer von 30-50 Jahren haben, rechnen viele Organisationen damit, dass der zu entsorgende PVC-Abfall in den kommenden Jahren um ein vielfaches zunehmen wird. Vielerorts wird sogar von einer PVC-Lawine gesprochen.

Heute muss die PVC-Wiederverwertungsindustrie in der Lage sein, den anfallenden PVC-Müllberg umweltfreundlich zu entsorgen, das heißt, wiederzuverwerten.

5.1. Zusätzliche Gefährdung durch Additive

PVC enthält neben giftigem Chlor auch weitere Additive, von denen einige giftig sind und einen sehr großen Volumenanteil (bis zu 65%) am PVC haben können. Hier die wichtigsten: Zum einen ist da Kalk, der jedoch unbedenklich ist und vorwiegend zum „strecken" des PVCs verwendet wird. Dann werden Stabilisatoren hinzugefügt, weil PVC an sich spröde und nicht witterungs- und lichtbeständig ist. Es würde schon bei 100°C HCl abspalten. Als Stabilisatoren werden vorwiegend hoch giftiges Blei und Kadmium verwendet, welche jedoch erst bei der Entsorgung Schwierigkeiten bereiten. Um Weich-PVC herzustellen, werden Weichmacher, zu 93% Phthalate, hinzugegeben, die jedoch mit der Zeit entweichen können und Gesundheitsschäden auslösen. Außerdem besteht der Verdacht, dass sie zu den Naturhormonen gehören. (Habekath / Moser, 1992, S34ff)

5.2. Gegenwärtige Entsorgungs- und Wiederverwertungswege und deren Probleme

Derzeit wird mit jährlich etwa 2,6 bis 2,9 Mio. t (2001) der größte Teil der PVC-Abfälle auf Deponien abgelagert. Hier bleibt er schätzungsweise ein paar Jahrhunderte liegen. Da PVC Stabilisatoren enthält, zerfällt er praktisch nicht. Wie lange genau der Zerfall dauern wird, ist immer noch unbekannt. Der zweit größte Teil des PVC-Abfalls (600000 t) wird im Müllverbrennungsanlagen (MVA) verbrannt. Wegen der großen Mengen anfallenden Chlorwasserstoffgases, müssen Laugen oder basische Salze eingesetzt werden um die Abgase von dem HCl zu befreien. Dabei fallen giftige Salze an, welche nicht weiterverarbeitet werden können, da sie durch Schwermetalle, hauptsächlich die Stabilisatoren des verbrannten PVCs, verunreinigt sind. Sie müssen teuer als Giftstoffe eingelagert werden. Weiterhin besteht der Verdacht, dass sich beim Verbrennen von PVC Dioxine bilden, welche extrem giftig sind und ebenfalls aufwändig aus den Abgasen gefiltert werden müssen. Neuere MV-Anlagen besitzen einen mit Dampf betriebenen Stromgenerator, um die Verbrennungsenergie zurück zu gewinnen. Die PVC-Abfälle werden so als günstiges Befeuerungsmittel verendet. (Sacconi; AgPU, Energetische Verwertung)

Aber selbst diese Verfahren sind reinste Rohstoffverschwendung, denn PVC kann wiederverwertet werden. Das heißt, dass die PVC-Abfälle wie PVC-Fußböden, Dachbahnen, Rohre und Fensterprofile wertstofflich recycled werden und dazu eingeschmolzen und neu verarbeitet werden. Mit dieser Möglichkeit wurden 2001 100000 t PVC-Abfälle wiederverwertet. Ein solches Verfahren wurde schon seit Jahrzehnten zum Wiederverwerten von Produktionsabfällen genutzt, wobei auch dementsprechende Sammelsysteme vorhanden waren. Doch das Recycling gebrauchter Kunststoffabfälle bereitet große Probleme. Da oft verschiedene, das heißt nicht sortenreine PVC-Typen angeliefert werden, wird ein qualitativ schlechteres Produkt hergestellt. Man nennt das „Downcycling". Ein weiters Problem sind die ungenügend flächendeckenden Sammelsysteme und die hohen Abgabekosten. Nach Angaben von Greenpeace sind die PVC-Recyclinganlagen noch lange nicht ausgelastet.

Der wohl neuste PVC-Entsorgungsweg ist das rohstoffliche Recycling, bei dem das PVC in seine Bestandteile Kohlenwasserstoffe und Chlorwasserstoff zerlegt wird. Bei der Umsetzung dieser Projekte treten eine Menge Probleme auf, sodass Greenpeace sie für gescheitert hält. Eine Pilotmüllverbrennungsanlage, die nur für PVC-Abfälle gedacht ist, arbeitet mit einer integrierten Chlorwasserstoff-Rückgewinnung, welches dann bei der Oxychlorierung eingesetzt werden kann oder der Chlorelektrolyse zugeführt wird, um Chlor herzustellen.

Während die PVC-Industrie beteuert, dass PVC-Abfälle gut wiederverwertbar sind, halten Organisationen wie Greenpeace dagegen und werfen der Industrie große Versäumnisse und zu wenig Handlungselan vor.

5.3. Freiwillige Selbstverpflichtung der europäischen PVC-Industrie

Um der bevorstehenden PVC-Abfallflut entgegen zu wirken, hat die europäische PVC-Industrie im Jahr 2000 einen Plan der freiwilligen Selbstverpflichtung unter dem Namen „Vinyl 2010" verabschiedet. Dieser verpflichtet sie bis zum Jahr 2010 die Umweltfreundlichkeit und die Wiederverwertung von PVC voran zu treiben. Das heißt, den Rohstoff- und Energieverbrauch bei der Produktion zu senken, Entwicklung einer umfassenden Abfallwirtschaftsstrategie, Untersuchung von Weichmachern auf Gefährdungen und eventuelle Ersetzung und Forschung nach alternativen Stabilisatoren. Es werden jährlich Berichte dem europäischen Parlament und den Kommissionen vorgelegt. Die gesamte Investitionssumme wird bis 2010 250 Mio. € betragen. (Vinyl 2010, Freiwillige Selbstverpflichtung der PVC-Industrie)

Die Verwendung von Kadmium-Stabilisatoren wurde ab 2001 eingestellt, die von Blei-Stabilisatoren soll bis 2005 um 15% und ab 2010 um 50% gesenkt werden, bis er 2015 gar nicht mehr verwendet wird. Es sollen umweltfreundliche Alternativen gefunden werden. Weiterhin sollen 2005 50% der erfassten PVC-Rohr-, Fenster- und Dachfolienabfälle werkstofflich hochwertig verwertet und wieder in die Produktion eingebracht werden. Fußbodenbeläge sollen 2007 folgen. (Vinyl 2010, Freiwillige Selbstverpflichtung der PVC-Industrie)

Im Jahr 2010 soll eine Recycleleistung von 200000 t PVC-Abfällen erreicht werden und neue Ziele festgelegt werden. (Vinyl 2010, Freiwillige Selbstverpflichtung der PVC-Industrie)

Die Erfassung und Wiederverwertung von Hausmüll PVC-Abfall wird noch nicht verwirklicht, da hier die Sammlung sehr erschwert ist. Im Hausmüll befinden sich PVCs verschiedenster Zusammensetzungen und zusätzlich andere Kunststoffarten, was eine sortenreine Sortierung schier unmöglich und extrem kostenaufwändig macht. Um dies etwas zu vereinfachen, spricht sich der Ausschuss des EU-Parlaments für Umweltfragen, Volksgesundheit und Verbraucherpolitik für eine eindeutige Kennzeichnung aller Kunststoffe aus, was auch das bewusstere Verhalten der Bevölkerung im Umgang mit Kunststoffen fördern würde. (Sacconi)

5.4. Alltägliche Praxis

Nach Angaben der Tischlereien Inbau Tischlerei GmbH und Weeken GmbH in Wilhelmshaven, die beide PVC-Fensterprofile im Programm haben, werden PVC-Abfälle (Produktions- und Gebrauchsabfälle) in Gitterkörben nach Typ und Farbe sortiert und gesammelt. Auf Bestellung werden die Gitterkörbe geleert und der PVC-Abfall wegtransportiert. Das Recyceln wird in Höxter durch die Firma Tönsmeier Kunststoffe GmbH durchgeführt.

Dies spricht dafür, dass das Sammelsystem anscheinend funktioniert. Allerdings wird nur ein Bruchteil des PVCs recycled, da bis 2010 ja erst eine Menge von 200000 t/a vorgesehen ist. Diese ist dann immer noch nur ein Bruchteil von der Gesamtmenge, von dem der Großteil immer noch deponiert wird.

Nachwort

Die moderne PVC-Industrie achtet inzwischen recht gut darauf, dass sie bei der PVC-Produktion unsere Umwelt möglichst wenig belastet. Was Abgase und Abwasser betrifft, hat die Industrie klare, strenge Vorgaben, die nicht überstiegen werden dürfen. Die Herstellungsverfahren sind sehr weit entwickelt, sodass keine größeren Mengen ungewollter Nebenprodukte entstehen. Die eingesetzten Rohstoffe werden fast bis aufs Letzte verarbeitet und die Reaktoren heizen sich von selbst und sogar noch andere Geräte.

Trotz der hier dargestellten Erfolge, darf gerade diese Industrie niemals aufhören sich zu verbessern und muss immer nach neuen Innovationen streben.

Die freiwillige Selbstverpflichtung ist zwar ein sehr lobenswertes Unterfangen, jedoch geht sie lange nicht weit genug. Damit wir uns und unsere Umwelt schützen können, müssen mehr Maßnahmen ergriffen werden. 200.000 t/a wiederverwertetes PVC sind im Vergleich zu 1,6 Mio. t /a, die deponiert werden, zwar ein guter Anfang, jedoch noch viel zu wenig.

Es sollte vor allem daran gearbeitet werden, den Abfall gar nicht erst in so großen Mengen entstehen zu lassen. Hier müssten die Verbraucher mehr aufgeklärt werden. Erst wenn sie verantwortungsbewusster einkaufen, können die Berge von Müll, die nicht von der Natur zersetzt werden können, vermindert werden.

Vorraussichtlich ist der von Greenpeace geforderte Ersatz durch andere Kunststoffe ein guter Schritt in die richtige Richtung.

Quellenverzeichnis

AgPU

www.agpu.de
Broschüre: Fenster Reycling (pdf)
Energetische Verwertung
Werkstoffliches Recycling
Rohstoffliches Recycling
Entsorgung von PVC auf Deponien

Brückner, Reinhard

Reaktionsmechanismen, Heidelberg / Berlin, 2003, 2. Auflage

Halbekath, Jürgen / Moser, Michaela

Greenpeace Studie Chlorchemie: Stand des PVC-Recyclings in Deutschland und seine umweltpolitische Bedeutung, Berlin, 1992

Lahl, Barbara und Uwe

Greenpeace-Studie: PVC-Recycling - Anspruch und Wirklichkeit, Bremen,1997 (www.greenpeace.de)

Lurgi AG

http://www.lurgi.de, 6. März 2005
EDC Überblick
EDC Details
VCM Überblick
VCM Details

Meyers, Robert A.

Handbook of Petrochemicals Production Processes, McGraw-Hill, 2004 (pdf)

PVCH

http://www.pvch.ch, 26. Februar 2005
Chemie + Schule, Ausgabe 1/01:
Produktinformationen Nr.1 PVC (pdf)

Sacconi, Guido / Europäisches Parlament

Bericht über das Grünbuch der Kommission zur Umweltproblematik von PVC, 2001

Schwing, Ewald

http://www.schwing-ag.de, 2. März 2005
Prozess-Wirbelbett-Technik
Technologie
Anwendungen

Seilnacht, Thomas

http://www.seilnacht.com, 2. März 2005
Salzsäure
Kupferchlorid
Bindungsenthalpien

Tausch, Prof. Dr. Michael

Chemie SII / Stoff – Formel – Umwelt, Bamberg, 2000, 2. Auflage

Vinyl 2010,

www.vinyl2010.com, 17. März 2005
Fortschrittsbericht 2004
Freiwillige Selbstverpflichtung der PVC-Industrie
Nachhaltige Entwicklung Freiwillige Selbstverpflichtung

Wiley, John & Sons

Ullmann's Encyclopedia of Industrial Chemistry (Online Version), Weinheim, 2005, 7.Auflage, Kapitel: Chlorinated Hydrocarbons, 3. Chloroethylenes (www.Ullmanns.de)

Quellenverzeichnis von Grafiken und Abbildungen

Abbildung 16: DC-Reaktor mit Wärmerückgewinnung
www.Lurgi.de, © Lurgi-Archiv

Abbildung 17: Vereinfachtes Prozessdiagramm der parallelen Oxychlorierung und Direktchlorierung mit EDC-Reinigung, www.Lurgi.de, © Lurgi-Archiv

Abbildung 21: Vereinfachtes Prozessdiagramm der EDC-Spaltung mit nachgeschalteter VCM-Reinigung, www.Lurgi.de, © Lurgi-Archiv

Adressen erwähnter Unternehmen

inbau Tischlerei GmbH
Weserstr. 197, 26382 Wilhelmshaven, (04421) 202260

Weeken GmbH
Güterstr. 19, 26389 Wilhelmshaven, (04421) 91777-0

Tönsmeier Kunststoffe GmbH & Co. KG
Eugen-Diesel-Str. 3, 37671 Höxter, (05271) 9722-0